你也能懂的经济学

——儿童财商养成故事②

向南方森林出发

肖叶/主编　龚思铭/著
郑洪杰 于春华/绘

U0309090

人民文学出版社 天天出版社

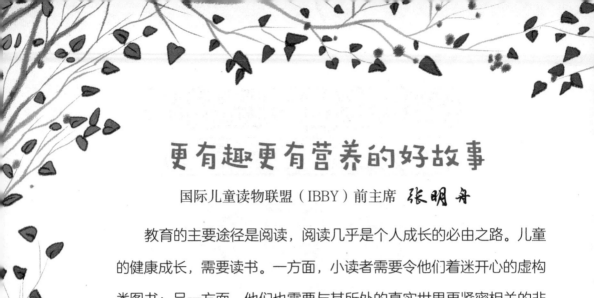

更有趣更有营养的好故事

国际儿童读物联盟（IBBY）前主席 张明舟

　　教育的主要途径是阅读，阅读几乎是个人成长的必由之路。儿童的健康成长，需要读书。一方面，小读者需要令他们着迷开心的虚构类图书；另一方面，他们也需要与其所处的真实世界更紧密相关的非虚构类图书，因此，给孩子们选些既有趣又有营养的好书至关重要。

　　"你也能懂的经济学——儿童财商养成故事"系列就是这样一套科普读物。虽然作者的初心是向小读者传递与我们日常息息相关的有用的经济学知识，但在故事性上却丝毫不逊色于优秀的童话故事。故事发生在森林里，每个动物角色都个性鲜明、形象生动，情节跌宕起伏、充满悬念，满足了儿童的好奇心和想象力，令人印象深刻。插画家用灵动有趣的画面与文字呼应，别有一番趣味。文字作者和插画家一起，让科普变得生动有趣，轻盈地荡起童话的小船，把小读者摆渡到抽象的经济学王国。

　　知识范围的拓展能够改变一个人对世界的认知，经济学构建的就是这样一种独特的思维方式。它需要长时间的积累训练和必要的知识储备，这正是"你也能懂的经济学——儿童财商养成故事"系列的创作初衷，用故事的形式将资产、投资、利率、消费等概念讲给孩子们听，让他们从小学会从不同的角度去看世界，去规划自己的人生。

当今世界，一个人是否懂得理财，懂得做决策，懂得合理安排自己的资产，对其生活的影响是大而深远的，然而"财商"的培养需要一步步的知识积淀。经济学繁杂的原理和公式推导常令人眼花缭乱，阻挡了小读者探索的脚步。"你也能懂的经济学——儿童财商养成故事"系列巧妙地将经济学概念和原理用日常生活的语言解读出来，即便小学生也能立刻明白。比如资源稀缺性、供给需求与价格的关系等概念，用"物以稀为贵"这样的俗语一点就通；再如，以效用原理来解释时尚潮流，建议小读者用独立思考来代替盲目跟从，专注自己的感受，从而避免受时尚潮流的负面影响等。本书包含的知识不仅清晰易懂而且很实用。每个故事结束后，还以"经济学思维方式"（"小贴士"和"问答解密卡"）告诉小读者在日常生活中如何应用经济学知识来思考和解决问题。

优秀的儿童文学，必定能深入浅出，举重若轻，使读者在获取知识的同时，提高独立思考与辩证思维能力。"你也能懂的经济学——儿童财商养成故事"系列正是这样一套优秀的儿童科普文学作品。它寓教于乐，是科普与文学巧妙结合的典范，值得向全国乃至全球的小读者们推荐。

前　言

　　孩子们的好奇心和求知欲表现在方方面面，他们既想了解宇宙和恐龙，也想知道家庭为什么要储蓄、商家为什么会打折、国家为什么要"宏观调控"。而这些经济学所研究的问题既不像量子物理一般高深莫测，也不像形而上学那样远离生活。只要带着求知心稍稍了解一些经济学常识，许多疑惑就可以迎刃而解。

　　除了生活中必要的常识，经济学还提供了一种思维方式，让我们以新的视角去观察世界。生活中面临的许多"值不值得""应不应该"，完全可以简化为经济学问题，无非就是在成本与收益、风险与回报等各种因素之间权衡。当然，生活是如此的复杂，远非经济学一个学科能够解释和覆盖，但是对未知领域的探究心和求知欲，特别是学会如何学习、怎样寻找答案，是比知识本身更加重要的能力，也正是这套丛书想要告诉小读者的。

　　人的认知有多深，世界就有多大。知识越丰富，人生体验也就越精彩。希望本套丛书所介绍的知识能为小读者提供一个全新的视角，有助于大家以更开阔的眼光去观察我们的社会、了解人类的历史和现在。同时也希望本套丛书能打开一扇门，引领小读者进入社会科学的广阔世界。

作者

认识森林居民

松鼠京宝

号称"树上飞"，掌管着冰雪森林便利店"鼠来宝"的账目。聪明勇敢，踏实可靠，与白鼠357、刺猬扎克极为要好。

白鼠 357

在超级老鼠（Ultra Mouse）计划中编号为 UM357 的实验鼠；从科学实验室出逃来到冰雪森林，创立了名为"鼠来宝"的便利店。

刺猬扎克

鼠来宝众多奇妙商品的发明者，常在梦游状态，迷迷糊糊。

灰鼠 996

第三代超级老鼠，以捣蛋鬼形象登场，后被 357 "降伏"，定居冰雪森林。

蓝折耳猫芭芭拉

曾经备受宠爱的宠物蓝猫，现任"狸猫记"首席造型师，爱美，爱热闹，心高气傲。

猴蹿天

曾是行走江湖的侠客，留在冰雪森林担任银行总经理。

土狗土土

英俊的土狗，理性思维的信奉者；坚守"不离不弃"的诺言，是一位忠诚可靠的朋友。

大狼狗黑豆

协助主人"捕获"土土的大狼狗。她是坏家伙吗？

狸花猫

略微发福的流浪猫"群主"，帮助 357 与土土重聚，并请他们吃了一顿川菜。

目 录

1　外面的世界

"哎呀，踩到我的尾巴啦！"

"你的刺扎到我了！"

初春的黄昏，森林广场水泄不通。

森林居民们从四面八方赶来，参加森林事务所举办的新活

动——草木论坛。草木论坛每逢月圆举办一次，由事务所在报名者中选出一位，进行专题演讲。演讲内容可以是时事讨论，也可以是推广新的商业计划，介绍新发明、新设计，总之范围广、主题自由，受到森林居民的欢迎。不过令大家意外的是，这次被狗熊所长选中的演讲者，竟然是刚刚惹过大麻烦的捣蛋鬼996！难不成他又使出什么"坏招数"，连狗熊所长都被他迷惑了？

幸好，森林居民们的疑虑很快就被打消了。996一大早便从城里运来了一个硕大的神秘物体，包裹得严严实实，摆放在森林广场上。爱热闹的蓝猫芭芭拉爬上爬下闻了好几遍，只探明那是一个球体，至于到底是什么东西，她竟也拿不准。

神秘大球勾起了大家的好奇心，这期草木论坛可谓空前火爆！大家挤来挤去，你争我抢，都想钻到前排去，第一时间看996揭开谜底，瞧瞧那个神秘大球到底是个什么东西。

月上枝头，996穿着那身"香蕉装"隆重登场，像煞有介事地一层层揭开包装——那是一个比996大好几倍的巨大球体，表面花花绿绿、凹凸不平，斜插在一个支架上。996用爪子托住大球的底部用力一推，大球沿着轴心飞快地转动起来。

"哇……"森林居民们一片惊叹。

"请大家安静！"狗熊所长维持秩序，森林居民们慢慢安静下来。大块头的居民们自动退后，小个子的站在前排，会飞的站在树枝上观望，会打洞的从土里露出脑袋。

　　"喀喀！"996一本正经地清了清嗓子，"这，就是咱们生活的星球——地球。"996说罢，示意狗熊所长帮忙。狗熊所长伸出宽厚的熊掌将他托起，996指着大球上一颗核桃大小的区域道："咱们冰雪森林，差不多就在这里。"

　　"瞎说！"小老虎奔奔入夏以来明显长大了一圈，显得更加壮实，"森林这么大，怎么可能就那么一小块，还容不下我一只脚呢！"

　　大家附和道："就是就是！"

　　总算有出风头的机会了！揭开包装后，蓝猫芭芭拉发现：哈，这玩意儿她见过！没等996回应，她便跳到大球旁边，一边比画一边解释道："这东

西叫'地球仪'，是按照地球的模样做出来的微缩模型。真正的地球比这厉害得多、大得多！"

"哦，就好比你看起来挺像猞猁捕头的微缩模型，但其实猞猁捕头比你厉害得多、大得多，对吧？"不知谁说了这么一句，大家哄笑起来。

芭芭拉叉着腰刚要分辩，996 抢先说道："这样理解也是可以的，只不过地球和地球仪的差距，远比猞猁捕头和芭芭拉更大就对了。"

森林居民们陷入思考，广场上瞬间安静下来。原来他们心中无边无际的冰雪森林，在那个叫"地球仪"的大球上，竟然只有一颗核桃那么大，也就是说，真正的地球……

"天啊，幸好咱们生在冰雪森林！"狐狸歪歪突然惊叫道，"要是不小心生在这里，那岂不是要大头朝下地生活……"歪歪发现南半球也有一片片绿色。

"要是生在这里，"狐狸扭扭指着赤道附近叫道，"那就要掉下去啦！"扭扭一边说，一边直挺挺地倒下去。

"对哦！好险，好险……"森林居民们又热烈地讨论起来，"果然我们冰雪森林是最棒的！"

996解释了一个问题，他们又提出一个新问题，就这样一直到月上中天。尽管森林居民的脑子里还是充满了疑问，但从这一刻起，他们看世界的眼光和从前不一样了。在今夜之前，冰雪森林对他们来说就等于全世界。没想到，无边无际的冰雪森林只是地球的一小部分；没想到，冰雪森林之外，地球上的众多森林里，生长着他们没见过的花草树木，养育着和他们有些相似又有些不同的森林居民。还有——尽管现在还不能确信——即使生在南半球，因为996说的那种叫作"地心引力"的神秘力量，那里的森林居民也不必大头朝下地过日子……

所以，冰雪森林以外的世界是什么模样呢？地球仪上蓝色的海洋、黄色的沙漠、白色的冰原、突起的高山、下沉的盆地，真的也有生命存在吗？那里也如森林一样美丽、富饶又安全吗？

大部分森林居民在幻想中进入了梦乡，而在被抬回鼠来宝的地球仪周围，讨论还在继续。

京宝和扎克慢慢地转动着地球仪，用手指丈量冰雪森林到其他森林的距离，小声地说："真想去外面看看呀……"

　　其实，357也早就想出去看看。自从春天那场"白糖危机"之后，357越发按捺不住远行的冲动。他想亲眼看看，传说中发明了贝壳币、生长着甘蔗的云雾森林究竟是什么模样。

　　晚上睡觉前，357看着打呼噜的996，心里忽然生出一个主意。他悄声问两位伙伴："你们觉得鼠来宝怎么样？"

　　京宝和扎克先是一愣，随即回答道："你放心，我们不会丢下鼠来宝不管的！"

357 笑道："我是问，你们觉得鼠来宝的未来怎么样？"

扎克毫不犹豫："那还用问，我们鼠来宝是森林居民们最喜欢的便利店！"

京宝点头："对，我们都把鼠来宝当成自己的家！"

"那就太棒了！"357突然开心起来，"我想邀请你们成为鼠来宝的股东，你们愿意吗？"

京宝不明白："咕咚？"

"愿意愿意！"扎克轻推京宝，对他使了个眼色。他对357永远充满信心，357说的一定是好事，"怎么'咕咚'你说吧，我俩跟你一起'咕咚'！"扎克拍拍胸脯。

什么是股东？

要理解股东，首先要从股份制说起。

股份制

16世纪中期，一群英国商人获得女王的特许，在伦敦成立了"莫斯科公司"，专门从事与俄罗斯的贸易活动。"莫斯科公司"的特别之处在于，它的所有者并不是某一个人，而是一群人——众多在莫斯科公司投入资金的商人都是它的所有者，可以参与决策公司大大小小的事务。"莫斯科公司"开创了这样一种模式，即大家共同出钱成立公司，赚到钱之后，按照出钱的比例来分享收益。这就是最早的"股份制公司"。

在汉语中，"股"字有"事物的一部分"之意。如果将一家公司的所有权平均分为若干份，每一份称为"一股"，那么根据向这家公司投入资金的数量，就可以认购或多或少的股份，持有股份的人，就叫股东。所以，股东其实就是股份制公司的投资人。

成为股东意味着什么？

在鼠来宝工作的京宝和扎克，每到月圆时都会收到 357 支付的工资，作为他们劳动的报酬。无论鼠来宝赚钱还是赔钱，工资的数量通常是不会变的。也就是说，鼠来宝经营的好坏跟他们并没有太大关系，只要认真工作，就能拿到工资。而成为股东之后，京宝和扎克就与 357 一样，会成为鼠来宝的投资者之一，这样一来，鼠来宝生意好坏，就实实在在关系到他们的自身利益。

假如鼠来宝生意特别好，利润比去年翻了一倍，那么京宝和扎克除了工资之外，还可以与 357 分享多出来的那部分利润。相反，假如鼠来宝因为生意太差而倒闭，那么京宝和扎克除了拿不到工资外，连投入的资金也可能血本无归。

做生意除了赚钱，也有亏本的风险。所以，成为股东意味着利益共享、风险共担。几乎所有自愿拿出资金成为公司股东的人，都是因为预计公司将来会赚钱。一家肯定会一直亏本的公司，恐怕没人愿意成为它的股东……

1

问: 股东是什么?

2

问: 做股东有什么好处?

利润

3

问: 做股东有风险吗?

2 一起来"咕咚"

扎克的几声"咕咚"吵醒了呼呼大睡的 996，但他没出声，而是静静地听着……

"是'股东'啦！"357 解释道，"我想把鼠来宝变成股份公司，请你们入股。"

"唔……"京宝和扎克大眼瞪小眼。

这下996躺不住了，一个鲤鱼打挺跳到他们中间道："哎呀，这就是说让你们出些钱，从打工仔变老板！懂了没？"

357推开996："差不多是这个意思，不过倒不用出钱。店里大多数零食都是扎克和京宝发明的，你们可以用这些创意和技术入股鼠来宝。"

"那我呢？"996嬉皮笑脸地问357，"咱俩是一个地方出来的，马马虎虎也算亲兄弟，不如加我一个吧！"

357笑着摇头："你不行，你欠的债还没还清呢，哪里来的钱入股。"

996试探着问："既然他俩用什么创意和技术入股，我用……功夫，如何？"

"创意和技术能给鼠来宝带来收益，功夫有什么用？"

996一边耍起功夫，一边喊："可以保卫鼠来宝的安全……哎呀！"他脚下一滑，话还没说完，手中的双节棍就飞了出去，哗啦一声，敲碎了露台上的一盏灯。

京宝迅速拿出账本，在996的欠款清单上写上"露台灯一盏"。转过头对着996掐指一算说："996，就算不吃不喝，你也要28次月圆才能还清债务，其他事还是以后再说吧！"

"我不！我千辛万苦逃出来，就是不想给人类打工了！现在反倒要给老鼠打工，那不是白折腾一场！"996居然撒起娇来。

虽然996曾对357怀有敌意，在森林里惹了一连串麻烦，并因此欠下一屁股债，可是相处下来，357他们不得不承认996的确有些小聪明，配得

上超级老鼠的身份。996知道自己做了错事，改邪归正起来也不含糊。他工作起来认真专注，一两天工夫，就把鼠来宝复杂的生意搞得一清二楚，账目整理得明明白白。不仅如此，他还颇懂得经营之道，提出了几个听起来相当靠谱的降低成本、增加利润的方案。357大概摸清了996的知识和技能，恰巧自己也有旅行计划，于是就有了改革鼠来宝的好主意。

357对趴在地上"撒娇"的996说："唉，当老板有什么好？就说这鼠来宝吧，进货出货多么辛苦，管钱记账多么复杂！还要经营露台茶馆，给阿黄养鸡场、狐狸家游乐场这些大客户供货，又费心又费力，唉……"

996爬起来，拍拍胸脯道："这算什么。我给人类打工的时候，全年无

休！一天训练十几个小时，加班加点也是常有的！就算成绩再好，也不过给一顿饱饭吃。经营小店虽然辛苦，可兄弟你待我不错，嘴上说让我还债，其实是想让我乖乖待在店里，怕我出去惹事。你们要是信我，就让我也入股，我保证也把鼠来宝当成自己的家！"

京宝和扎克真心觉得996是位得力帮手，他们俩不停地朝357挤眉弄眼，表示愿意接受。

357却故意面露难色道："你和城市老鼠们很熟，又懂经营，我本想请你做鼠来宝的总裁，全权负责日常事务的，既然……"

听到"总裁"二字，996的眼睛一亮。他想："总裁？听起来好酷好威风！"

"我愿意！" 996 脱口而出。

357 说："总裁可是鼠来宝里最有权力的，大事小事琐碎事可都要总裁管，好辛苦的！"

996 嘴角一翘："你忘了，我可是史上最强……哦不，和你一样强的超级老鼠！这些小事，难不倒我的！"

357 追问："就算我们三个不在，你也搞得定吗？"

996 自信回答："那是，轻轻松松！"

"太好了！"357 拍手叫道，"我决定正式聘请Ⅲ-UM996 先生出任鼠来宝总裁，主管一切日常事务。"

996 一个跟头翻上柜台，学着绅士的样子朝四周敬礼："请叫我'总裁先生'。"

"叫'CEO（首席执行官）'也

行！总之，鼠来宝交给你，我们可以放心出去旅行了！"357拍手称快。

"好！咦……等等，你真要去旅行？还三个一起，剩我一个？！"996听357提起过旅行计划，可他只当作玩笑。眼睛一转，看见地球仪，心中才懊恼起来，"哎呀，好好的干吗要在草木论坛上出风头，这个地球仪让357的心飞走了！"

京宝睁着大眼睛道："咦，你刚才不是说'轻轻松松'？"

扎克点头："我也听见了，'轻轻松松'。"

说罢，他们三个转身离开，只听见996在店里大喊道："什么总裁！什

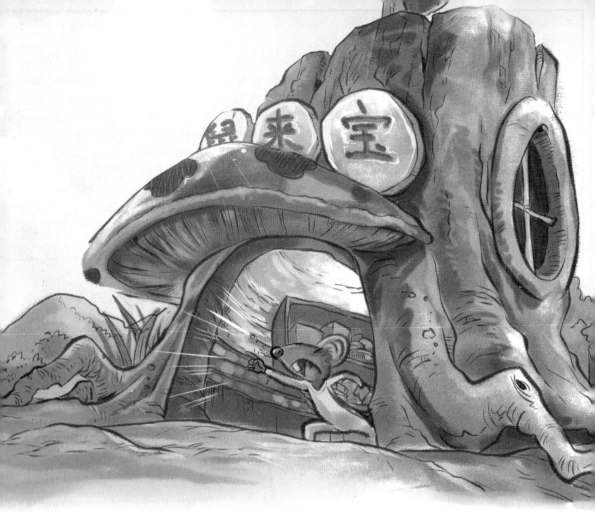

么 CEO！原来是个光杆司令！357 你骗我！我要跟你再决斗……"

996 很快就发现，357 并没有欺骗他。当上总裁的 996 工资翻了一倍，这样一来，他搞破坏欠下的债务很快就能还清了。996 嘴上没说，心里却很感激 357。三位股东开会商议之后，还决定为 996 招聘两个帮手，这下他也不算"光杆司令"了。

咸鱼翻身的 996 恨不得赶紧把自己荣升总裁的消息昭告天下。新官上任的第一个清晨，最先上门的顾客是狐狸歪歪和扭扭。夏天的游乐场生意太好，他们要赶在开门前追加订购一些零食和饮料。

普通人能成为股东吗?

说起来你可能不信,其实想成为股东并不难!

想象一下,假设 357 把鼠来宝的所有权分为三份,每份算作"一股",自己和京宝、扎克各持有一股,那么他们三个就是鼠来宝的股东。

同样道理,一个规模更大的公司也可以把所有权分成许许多多的股份,如果把这些股份拿到市场上去卖,那么购买这些股份的人,不就是这家公司的股东吗?

你可能想问,真的会有公司把股份拿到市场上去卖吗?当然啦!这些在市场上买卖的股份,就是我们熟悉的"股票",相当于股份的"证明书"。购买股票的本质,就是向发行股票的公司投资,成为它的股东。而这个专门进行股票交易的市场,就是"股市"。

如果你的父母投资了股票,在持有股票的时间里,可以认为他们是发行股票那家公司的股东。只不过通过股市发行股票的公司,它的股份数量是非常庞大的(可能是百亿、千亿级别),普通股票持有者虽然可以视为小股东,但极少参与公司事务和决策,主要是作为一种理财方式。

要成为股东，必须投入资金吗？

996 也想成为鼠来宝的股东，但 357 以 996 没有钱投资为由拒绝了他。不过，虽然投入资金是成为股东最快、最普遍的方式，却不是唯一的方式。比如，京宝和扎克发明了许多新奇的零食，因为受森林居民的欢迎，给鼠来宝创造了大量的利润，因此他们的发明成果可以代替资金，让他们不必出资也能够成为鼠来宝的股东。

这是因为，投资是一个宽泛的概念，只要投入的资源能在未来持续地产生回报，这个过程就可以视为一种投资。从这个意义上来说，资金、技术、创意等，都有可能带来持续的收益，因此也可以作为成为股东的条件。

因此，入股一家公司成为股东，除了投入真正的资金之外，拥有技术、创意、资源、管理经验等，在特定条件下也是可能的。

1 问：为什么京宝和扎克可以用发明的零食入股，而 996 的功夫不行？

2 问：购买了某个公司的股票，能算是股东吗？

3 问：小股东可以分享公司的收益吗？

3 向南方出发

鼠来宝有了新总裁 996，357 可以放心地策划南方森林之旅了。不过，虽然他们号称"森林三侠"，但京宝和扎克其实连冰雪森林的边界都没去过，更不要说行走江湖了。

森林里真正了解外面世界的，只有猴蹿天和芭芭拉。猴蹿天是真正的游侠，芭芭拉在人类身边生活多年，自称懂点人情世故，所以 357 将他们俩请到鼠来宝，为制订旅行计划出点主意。

"你算是问对人了！"芭芭拉十分得意，"我可是度假小能手，天南海北都去过，想知道什么尽管问。"

　　京宝先发问："我们打算去云雾森林，可是大雁商旅队已经飞走了，路途遥远，我们不知道该怎么去。"

　　"哎？"芭芭拉一愣，片刻之后，一边歪着头，一边比画道，"这个嘛……嗯……就是钻进笼子……然后，笼子被放到车里，再放到另一辆车里，唔……再放到另一辆车里，再放到大飞机里……黑咕隆咚，嗡嗡嗡嗡，再回到车里……再换另一辆车……再另一辆车……再钻出笼子……唔……你们明白了……吗？"

　　鼠来宝里一片安静。好几双眼睛呆呆地望着芭芭拉，试图从她的描述中提炼出一点有用的信息。可是除了笼子、一辆又一辆的车还有飞机，似乎再没别的内容了。

　　"哈哈哈哈！"996的笑声打破了平静，"原来你是'钻笼子小能手'！"

　　芭芭拉恼羞成怒："住口！"

　　996故意气她："我是CEO，这里我是老大！"

　　芭芭拉不服输："那不就是洋掌柜！"

　　猴蹿天不紧不慢地拉架："其实芭芭拉说得没错，飞机的确是最快的，一天之内，一来一回都不成问题。可是没有人类带着，凭咱们自己，飞机、高速铁路都混不进去。"

扎克有些失望："那是不是要等下一个春天，跟大雁商旅队去了？"

"别急！"猴蹿天道，"速度不是最重要的，旅行的意义不是到达目的地，路上也可以很有趣。依我的经验，马车、运货的卡车和火车最实际。"

"不好，"芭芭拉叫道，"灰头土脸，一点都不优雅！"

"虽然不优雅，可是自在。"猴蹿天笑道，"比你那'黑咕隆咚'，'嗡嗡嗡嗡'好多啦！"

猴蹿天到底见多识广，一眼就看穿芭芭拉所谓坐飞机，其实也不过是被放在货舱里托运。

猴蹿天借着地球仪，分享了他的旅行攻略，把常见的车型都介绍给357。

"为什么一定要去云雾森林呢？"996不解，"如果是为了糖，城市老鼠已经被我降伏了啊！"

京宝道："你来得晚不知道，在金银贝和森林通宝之前，咱们森林里用的贝壳，就是从云雾森林来的。"

996撇撇嘴，在想："哼，还不是想偷懒，把店丢给我，自己去度假！"

扎克对996说道："猴总经理刚来的时候就说过，云雾森林比我们这里'先进'，我们想去看看，长长见识。"

"嘿，你记仇！"猴蹿天笑道，"我当时就是随口说的……不过，真想长见识，我的家乡山海森林其实更好，但是比那云雾森林还远，我都没有信

心能回去……对了，我这里准备了三个锦囊，你们遇到困难的时候依次拆开，或许能解决一些麻烦。"

猴蹿天拿出三个丝绸小袋，上面绣着编号。

猴蹿天嘱咐道："旅途遥远，一路保重！"

一旁的芭芭拉瞪大了猫眼。"锦囊妙计？这，这也太厉害了吧……"她暗暗记下，又学会了一个耍酷的技巧！

357花了两天工夫为旅行做准备，第三天清晨，357和京宝、扎克带上了冰雪森林引以为傲的特产，与森林居民们道

别，请猫头鹰捕头送他们到最近的村庄去乘马车。猫头鹰捕头刚准备起飞，就看见芭芭拉一路狂奔过来。

"等一等！"芭芭拉跑得上气不接下气，学着猴蹿天的样子，掏出三个圆鼓鼓的锦囊。

"喀喀……我这里准备了三个锦囊，你们遇到困难的时候依次拆开，或许能解决一些麻烦。"芭芭拉学猴蹿天的语气，一字不差地说道。

很显然，芭芭拉想借此机会在前来送别的森林居民面前出出风头。扎克刚要笑她，就被京宝和 357 捂住了嘴巴，示意不要戳穿她。

357 故意一本正经地接过锦囊："感谢芭芭拉女侠。"

芭芭拉抱了抱拳："旅途遥远，一路保重！"

芭芭拉的三个锦囊不知道用什么包裹着，严严实实的，连味道也闻不出来。好歹是一份心意，扎克将它们塞进背包。

太阳刚刚升起，猫头鹰捕头已经把"森林三侠"安全地送到乡村。京宝在村子里转了一圈，找到一匹为林场送菜的老马。他们三个藏在老马驮着的一大堆蔬菜里，顺利到达。

第一次真正出门远行的京宝和扎克兴奋极了，他们拉着357跳上一辆卡车。

"是松木！"这个味道京宝再熟悉不过了，他生命中的每一天几乎都是

在松木温暖又带点辛辣的气味中醒来。他抚摸着树皮惋惜地说："才这么小就被砍下来了，好可惜呀……这样下去，森林是不是要被砍光啦？"

扎克拍拍京宝的背，安慰道："你看，不是砍断，是连根挖出来的。也许只是移到别的地方，它们还能活下去，长得粗粗壮壮！"

"嘭"的一声，司机关上了车门，车子启动了。

趴在车顶观望的357却突然喊道："快跳到那辆车上去！"

357指的是旁边那辆同样刚启动的卡车。京宝来不及多想，和357一齐跳过去。扎克不那么擅长跳跃，险些摔下去，京宝和357使出吃奶的劲儿才把他拉上来。

两辆车先后开出林场，向完全相反的方向开去……

CEO 和"总裁""总经理"有什么区别？

CEO 是英文 Chief Executive Officer 的缩写，中文是"首席执行官"。通常，CEO 是一家企业的最高行政负责人，管理公司里大大小小的事务。

CEO 一词源于 20 世纪 60 年代的美国，最初专指大型企业实际运营的总负责人。不过随着这个词的流行，许多中小企业也开始使用。如今，CEO 泛指专业的经理人，含义与"总裁""总经理"差别不大。虽然 CEO 听起来更洋气，不过从职责上来说，CEO 与总经理、总裁（甚至掌柜）其实都是差不多的。对于鼠来宝这样的小店，似乎还是掌柜更贴切一些！

经济学和环境有关系吗?

在以前的故事中，我们已经讨论过稀缺资源、货币、贸易、成本、利润、企业、银行等各种话题，似乎经济学相关的内容都与钱相关。

其实不然，比如现在大家都很关心的生态环境保护，同样也是经济学研究者们关心的问题。这是因为生态环境关系到人类的经济发展是否"可持续"。根据联合国的定义，所谓可持续发展是"既能满足我们现今的需求，又不损害子孙后代，能满足他们的需求的发展模式"。以工业革命后的英国为例，当时英国大城市的工厂几乎是昼夜不停地生产，虽然成就了高速发展的经济，可是人们的生活环境越来越差。工厂排放的浓烟和废气造成严重的环境污染，空气污浊不堪，许多人因此患上严重的疾病。很明显，这样的经济发展，就不是"可持续"的。

幸好，今天的人们已经充分意识到，在追求经济发展的同时也必须考虑环境的承受能力。许多经济学者将"可持续发展"作为研究课题，试图找到一个既保证经济快速发展，又不破坏环境平衡的"绿色发展"方案，既有"金山银山"保证我们生活富足，也能享受"绿水青山"的自然之美。

1

问：996 算是鼠来宝的"老大"吗？

2

问：什么叫"绿色发展"？

3

问："绿水青山"和"金山银山"哪个更重要？

4 巧遇新朋友

357到底发现了什么？为什么在开车前的一瞬间决定跳到这辆卡车上？

"扎克说得没错，"357解释道，"这些幼树不是砍下来的，而是准备种到森林里去的。"

"什么？你是说，这里的森林是人类种出来的？"京宝以为只有森林居民才会保护森林。

357问："还记得那个地球仪吗？"

扎克答道："当然，咱们森林是好大一片绿色！"

"没错，那片绿色越大，就代表森林越大。"

京宝回忆道："可我记得金雕爷爷说过，和他小时候比，森林已经缩小了很多……"

扎克也想起了什么："对哦！前些年一下大雨冰河就猛涨，把水獭们的家都冲垮了，他们说这都怪森林变小了！"

"有森林在，土地就能存水，空气才会变得干净、湿润，我们才能好好地生活在森林里。否则，不仅我们没了家，人类也要遭殃。"

京宝问："可是人类生活在城市里呀？"

"和水獭们是一样的吧？河水能冲垮水獭的家，最终也会冲毁人类的家。扎克说得没错。"357笑道，"大自然是个整体，空气、土壤、植物、动物、

温度、气候……任何一点变化都会造成很大的影响。所以人类现在要把以前砍掉的森林再种回去，咱们要是跟着树苗走，现在搞不好快到家了。"

这辆卡车的司机大叔似乎在赶时间，开得那么快！车厢里的"森林三侠"被甩得滚来滚去，颠得头晕目眩，早上在"马车"里吃的蔬菜都要颠出来了！

此时已近正午，临近山脚，树木越来越少，气温越来越高。

"不行了，啊哦……"扎克实在忍不住了，趴在车厢边吐了起来。

"小心！"

来不及了，卡车一个急转弯，扎克被整个甩出车去！

京宝毫不犹豫地飞身跳下车，357 大喊一声"行李！"，把背包一件件

扔下去，紧接着自己也跳下车。可就在他跳车的瞬间，卡车又转了向，357感到巨大的冲击力，眼前一黑，晕了过去。当他醒来时，太阳已经转了方向，而京宝和扎克竟不知去向。

"真糟糕！"还没走出冰雪森林，"森林三侠"就被迫"散伙"，这让357有些沮丧。但他很快振作起来，集中精力思考解决办法。

357趴在弯弯曲曲的公路边上，偶尔有汽车经过。京宝或许有本事从树梢跳到车上，可扎克不行，京宝一定不会丢下他独自前进，所以他们一定还

在附近！357 四周寻找一番，除了自己身上的背包，扔下去的行李一件也没找到。

"好事！" 357 想，这说明京宝和扎克已经平安落地并找到了背包。他们本就来自森林，只要没受伤，就能生存下去。他揉了揉摔痛的手臂，继续寻找同伴的踪迹。

扎克坠落的地点是一片稀疏的树林，357 眼里出现了京宝在树林间上下翻飞的样子，可那只是幻觉。他喊了很久，也没有得到同伴的回应。357 饥渴难耐，只能采些树上新冒出来的嫩芽充饥。眼看夕阳西沉，357 决定扩大搜寻范围。

穿过树林，不远处有一片平缓的山坡，山坡上竖立着高高低低的石板，偶尔有人类在其间走动。京宝和扎克都有很强的好奇心，他们会不会跑到那里去呢？357决定去碰碰运气。

到了山坡缓地，357虽然没找到同伴，却意外地发现许多石板前都放着食物和水。357忍不住吞起口水，选择了一块独立在远处、格外高大的石板。这块石板上不仅食物丰富，还堆满了鲜花。有蛋糕！357实在忍不住了，他抱起一块奶油蛋糕，钻进花丛，狼吞虎咽地吃起来。填饱了肚子，他也累得几乎要睡着了。蒙眬中，他感到耳边一阵急促的呼吸声。不好！他瞬间清醒，起身逃跑。他明明已经跳出花丛，却突然感觉被吊了起来——哎呀，

背包误事!

357 战战兢兢地回头,只见一排交错的牙齿和一个黑亮的大鼻头。

"倒霉!是狼吗?"357 暗自后悔,真不该为了食物冒险,更不该疏忽大意地睡着了!他刚想松开双臂,放弃背包逃生,只听见背后那家伙咬着牙齿说道:"为什么偷东西?"

"对……对不起……"

"为什么要弄坏爷爷的花!"那家伙一边问,一边甩头,就算 357 不松

手，也快要被他甩出去了。

"我没有。" 357 大喊，"我太饿了，偷吃了你的蛋糕……对不起！可是我没有弄坏你的花！"

那家伙叼着 357，低头仔细检查，发现 357 只是藏在花里偷吃。他松开口，把 357 轻轻放在地上说："哟，'狗拿耗子，多管闲事'了！"

357 惊魂未定，仰头一看，原来是一只大白狗。

"对不起，我……"

"算了，小可怜！"大白狗用嘴把散乱的鲜花摆放整齐。

"请问……这是什么地方？"

"奇怪，我还没问你是从哪里冒出来的，你却先问我了。"大白狗皱了皱眉，显出无奈的样子，"这里是宇宙空间站，人类从这里出发,到别的星球去。"

357 问："你……也要去别的星球吗？"

"我？我在这里等人回来。"大白狗用前爪敲敲 357 脚下的石板，"喏，就是这里。我的主人是突然出发的，没来得及带上我。我不知道他去了哪颗星，所以只能在这里等。"

357 趁他说话的工夫，仔细地打量着大白狗。他的毛发有些蓬乱，可是眼睛明亮，耳朵警觉地竖立着，身形挺拔，有种威严的感觉。这让 357 想起了狼威风，想起了冰雪森林威武的御林军。他忽然想家了……

"该你说了。你也是来等人的吗？"

"不不。我叫 357，从冰雪森林来。我和两个伙伴准备去旅行……"

"星际旅行吗？"

357 解释道："不不……是去南方的云雾森林。刚才在路上出了点意外，我们失散了。"

大白狗若有所思，忽然一本正经地问："你的伙伴'风险态度'如何？"

见 357 愣住了，大白狗解释说："我是说，你的伙伴喜欢风险、讨厌风险，还是……无所谓？"

357 想了想，答道："一个很勇敢，爱冒险；另一个有点胆小，喜欢安稳。"

大白狗咧开嘴，挺胸抬头，自信地说道："喀喀！按照我的判断，勇敢的那一个正在继续前进中，而胆小的那一个，已经从哪儿来的回哪儿去了！"

"什么？" 357 惊叫，这是什么道理？

什么是风险态度？

人的性格是千差万别的，对待风险也有不同的态度。经济学研究者们把人们面对风险表现出的态度分为三类：喜欢，甚至主动追求风险；讨厌风险，尽可能地避免冒险；谈不上喜欢或讨厌。

在现实中，由于高风险通常意味着高回报，所以有些人为了得到更多的投资收益，甘愿冒险。另一些人则完全相反，他们讨厌风险和不确定的结果，宁可少获得一些利益，也不愿承受风险；还有些人，正好介于上面两种人之间。以上三种对待风险的心理状态，就叫作"风险态度"。

注意，风险态度这个概念一般应用在投资决策中，没有好坏之分，就像红黄蓝三种颜色，人人都有自己的偏好。厌恶风险的人不一定是胆小鬼，喜欢冒险也不等于勇敢。

风险态度有哪些类型?

经济学中将人们的风险态度分为风险偏好、风险厌恶和风险中性三种类型,并认为人们对风险的态度会影响他们的决策。

比如在投资理财方面,风险偏好者通常喜欢股票这类高风险、高回报的投资方式,而风险厌恶者往往最在乎资金安全,他们不愿承受股票价格下跌带来的损失,宁可把钱存在银行里。风险中性者介于上面两种类型之间,可能会拿出一部分钱来投资股票,同时留下一部分进行风险较低的投资或者存在银行里。

另外,风险与温度、重量等这些可以用数字衡量的概念也不太一样,它没有一定的标准,通常因人而异,这一点与"效用"相似,取决于个人的判断。有些人可能并不是喜欢风险,只是对风险没有足够的认识。而对风险的正确识别需要一些专业知识,还需要一些人生经验。无论你认为自己的风险态度是哪一种,对于现阶段的你来说,遇到问题时参考一下长辈的意见,可能是避免风险的好办法。

问：妈妈常说这个"太危险"，那个"不安全"，她一定是"风险厌恶"的人，对吗？

问：爸爸的理财只有定期存款一种方式，他是个胆小鬼吗？

问：风险能用数字衡量吗？

5 搜寻小伙伴

"绝不可能！" 357不相信大白狗给出的分析，"他们一定也在拼命找我。我们三个是好朋友，我们说好要一起去旅行，他们绝不可能抛下我……"

"理性！要理性！"大白狗摇摇尾巴，"这位同学，分析问题一定要理性，要有逻辑，不能感情用事。"

"这就是理性，我了解他们！京宝——我的同伴，看见扎克——就是另一位同伴，从车上掉下去，毫不犹豫地跳下车去救他！京宝本可以不必冒险的。"

大白狗躺在草地上四脚朝天，不紧不慢地问："你看，京宝的行为就很不理性，太冲动……我猜他就是那位胆子大、爱冒险的，对吗？"

"你怎么知道？"

"因为他本就偏好风险，喜欢刺激，所以跳车是出于本能。什么朋友义气啊，江湖道义啊，都是说说的！活在这个世上最重要的就是要理性，我呢，是理性狗，你是理性鼠，总之大家都是为了利益，这错不了。理性决策的原则只有一条——利益最大化！就说你

吧，你之所以要找他们，也许是因为你需要他们的帮助和保护……"

357 很不喜欢这种说法，什么一切为了利益，未免太冷酷无情了！难道交朋友也是为了利益？他整理了一下背包，除了猴蹿天给的三个锦囊，他只有几颗弹力球。这是御林军的狼捕快们喜欢的玩具，想来他们的远亲大白狗也会喜欢吧。357 把弹力球摆在大白狗面前："我偷吃了你的蛋糕，可我身上除了朋友送的东西外只有这个，希望可以赔偿你的损失。我朋友的行李中有森林美食，等我找到他们就给你送来。后会有期。"357 背起包转身离开。

没想到大白狗却追了上来："你怎么还要找呢？这不符合你的利益，你应该做个'理性鼠'！莫

　　非……你是风险爱好者？找到他们有报酬？"他一边问，一边兴奋地喘气，像发现了什么新大陆一般。

　　"我对风险不喜欢也不讨厌，也没有什么报酬。我只是相信他们一定也在找我，我们说好了要一起去，就要在一起。"

　　"不喜欢也不讨厌……你是风险中性型哎！哇，我头一次遇见你这种类型的！可是你这样漫无目的地找，很浪费时间啊！山路上汽车超多，我见过鹿被撞倒，很危险……喂，你这样不理性哦！喂！"大白狗在357身后不停地喊。

　　357 停下脚步，转身喊道："世界上不是只有理性，也不是只讲利益。我们是朋友，就该不离不弃！"

　　大白狗激动地冲上来，挡住 357 的去路。他站得笔直，激动地喘息着："你刚才说什么？"

　　"我说，不离不弃！"

　　大白狗的眼睛里突然充满了忧伤："爷爷也对我说过'不离不弃'……可是他自己去星际旅行了，他不要我了……"

　　357 似乎突然明白，这里并不是什么"宇宙空间站"，而是……他心里升起一股对大白狗的同情和理解。他伸手摸摸大白狗柔软的毛发，安慰道："你不是理性狗吗，你的理性有没有教你怎么做？"

"跟我走！"大白狗甩了甩头，俯下身，"你上来，我陪你一起去找。"

这让357感到意外，他迟疑了几秒钟，还是爬上了大白狗的背。

"理性教我给自己找点新鲜美食，人类那些东西太腻了！"大白狗故作潇洒地踏起小快步，"你刚刚说同伴那里有森林美食？我帮你，完全是为了这个，是为了自己的利益哦！"

真是个有趣的家伙。357悄悄地笑了："对了，我还不知道怎么称呼你？"

"土土，爷爷这样叫我。"

"土土？"

"对，因为人类叫我'土狗'，嫌弃我，不要我，是爷爷把我捡回家的。爷爷告诉我，'土'的不是狗，是人心。何况'土'也没什么不好，土地是

人类的母亲，是最神奇、最伟大的。小小的种子丢到土地里，就能长出粮食和蔬菜，养育千千万万的人！"

"我也喜欢土地,在我们冰雪森林里,好多居民就住在土地里。"357笑道,"对了，我的同伴其中一位是松鼠，另一位就是住在土地里的……"

大白狗无奈地说："树林里松鼠可多了，你得给我点具体信息。"

"是我糊涂了，我这就带你到跳车的地方。"

"你还不算太笨啊！"土土说完，朝357指的方向大步奔跑起来。

回到盘山公路边，357仔细查看了转弯处树木的排布，大致分析出扎克和京宝坠落的范围。土土嗅了嗅357，过了大半日，他身上京宝和扎克的气味已经很淡了。土土几乎把鼻子贴着地面，顺着微弱的气味寻找。过了一会儿，

土土突然停下来，抖了抖毛说："这家伙不太安分啊！"

357回头一看才发现，他们已经离最初的地点很远了。

"他们一定是在到处找我啊！"357有点沮丧，"唉，都怪我当时摔晕了，否则就能听到他们的声音。"

土土没有回应，他仰起头，黑亮的鼻子不停地抽动，似乎在空气中嗅到了什么。"奇怪……"他说。

"怎么了？"

"嘘……"

357 压低声音问："有危险？"

"奇怪！奇怪极了！"土土歪着头，示意 357 跳到他背上，然后循着空气中那股"奇怪"的气味一路小跑。突然，土土加快了速度，一头扎进草丛。一阵窸窸窣窣的声音之后，土土从草丛里叼出一件东西丢在地上，又确认了一番道："对了，就是这个味道……奇怪，森林里怎么会有这个东西？"

357 从土土背上跳下来，想看看是什么奇怪的东西。在穿过树林的微弱月光下，357 终于看清楚，原来那是一只臭袜子！

什么是理性？

　　理性与我们讨论过的逻辑有一定的关联，在欧洲语言中，"理性"和"逻辑"两个词甚至可以追溯到同一个源头。一般来说，理性是指人类运用计算、逻辑推理等方法，经过谨慎思考而得出结论的思维方式——没错，在考试时，你就是在运用自己的理性思维去解决问题；在面对困难时，帮助你思考解决办法的，也是你的理性思维！

　　但是理性不是人类唯一的思维方式，与之相对的，还有感性。它是指人类基于感官体验，对事物和环境产生的情绪。比如你看了一本很感人的书，对主人公产生了同情、为他的遭遇感到难过等，这就是你的感性使然。

　　我们曾经讨论过，生活中的一些问题其实可以用经济学的方法来解决。比如，对于那些排放不达标的高污染企业，不一定要强制关闭，可以采用征收高额排污费或罚款的方式，让企业自己主动治理。而这类经济手段有效的前提是，企业管理者必须是理性的——虽然主动治理污染需要花钱，可是和不断被罚款、缴纳高额排污费相比，还是干脆把问题解决掉更好。类似地，如果汽油价格上涨、停车费越来越贵，许多人就会选择公共交通，而不是开车出行，政府部门选择用价格手段调节拥堵问题的前提，是大多数人都是理性的。

　　经济学假设所有人都趋利避害，做出使自己利益最大化的决策，这就是"理性人假设"。经济学的许多理论都建立在这个假设之上。许多利用价格手段调节人们需求的方法之所以有效，正是因为我们大部分人都是趋利避害的理性人。

1

问：打折为什么能提高产品销量？

2

问：路遇一位可怜的乞丐，心里十分难过，想要帮助他。这是什么思维？

3

问：刚掏出零花钱给乞丐，发现他戴着昂贵手表，感觉他是个骗子！这是什么思维？

6 整装再出发

没想到土土的一番搜索，找到的竟是一只臭袜子！可森林里怎么会有人类的袜子？

357 把袜子拎到土土面前："请你再仔细闻闻好吗？说不定是我伙伴带来的。"

"又不是主人的袜子，有什么好闻的。"土土嫌弃地扭开头，"再说，不用细闻也知道，除了人味就是各种毛发味，太复杂了！对了，还有很浓的鱼腥气，这家伙不会是只猫吧……悲伤的小猫，即使被遗弃了，还留恋主人的味道，抱着臭袜子哭泣……"土土学起猫来惟妙惟肖。

人类的气味、动物毛发的气味、鱼腥气、悲伤的小猫……天呢，那不就是"狸猫记"造型师芭芭拉吗？！

357耸了耸肩，拉京宝跳到地面上说："这位是土土，咱们能重逢，全靠他！"

"你长得这么帅，居然叫'土土'？"京宝笑着打量着土土，他真是又漂亮又帅气，虽然顶着乱蓬蓬的毛发，可是他的身形像狼一样挺拔威猛，眼睛像森林里的星星一般明亮。

土土害羞地抓了抓耳朵，把鼻子凑近京宝闻了闻："还有一位呢？"

"地面不安全，我们把他拖到树上去了。"

357不解："我们？"

京宝转身，朝树上喊道："警报解除，是我的朋友！让扎克下来吧，这位狗大哥会接住他的！"

树梢上冒出几个小脑袋，垂下几条毛茸茸的尾巴，原来那是京宝的松鼠朋友们。听到京宝的召唤，四只松鼠各拎起扎克的一只脚，朝土土的方向扔过来。

"又来！"土土瞪大眼睛准备接，等那身影越来越近、越来越大，他才终于看清楚，头顶砸下来的居然是一只刺猬！他本能地侧身躲开，扎克扑通一声摔在地上。

"哎哟！"

幸好树林里青草浓密，扎克稳稳地"扎"在肥厚的土里，357和京宝费了好大力气才把他拉出来。

土土惊魂未定，喘着粗气质问道："好险！你不会想让我用脸接刺猬吧？"

"对不起啊！"京宝道歉，"好不容易重聚，我一激动，就忘了……"

扎克爬起来，笑道："嘿，芭芭拉的锦囊还真派上用场了！"

京宝追着扎克跳车后，发动了树林里的松鼠和鸟儿帮忙，却还是寻不到357的下落。扎克突然想起背包里装着芭芭拉给的锦囊。这不就是"困难的时候"吗？干脆拆开一个。没承想，他们费了老大劲儿打开后，发现居然是一只臭袜子！扎克手一抖，袜子就从树上掉下去了，而土土正是循着这个气味找到了他们。

357把袜子捡起来道："土土说，这也许是芭芭拉为了思念主人留下的，我们带回去还给她吧！"

扎克想，原来芭芭拉不是神机妙算，她只是把自己最珍惜的东西送给朋友……他有些感动，点点头，仍旧把袜子塞回锦囊。

土土的眼睛里忽然闪过一丝悲伤，他背过身去小声说："任务完成，再会吧！"

"等等！"357叫住他，"你帮我不是为了利益吗？还没给你报酬呢！"357想用他们带来的零食感谢土土，但京宝和扎克摇摇头、摊摊手，原来蘑菇干和虫虫脆已经分给帮忙的松鼠和鸟儿们了。现在，别说答谢土土了，想去云雾森林旅行顺便做做生意的"森林三侠"，还没走出森林，货物就已经散了个干净。这真让人哭笑不得！

土土潇洒地摇摇尾巴："我的利益已经得到满足了，理性一点果然没错！"说完转身离开。

357再次叫住他："土土，跟我们一起吧！"见土土迟疑，他马上劝道，"星际旅行的人不会很快回来，不能在这里傻等啊！继续走自己的路才是理性的选择，才……有机会与爷爷重逢。"

土土停下脚步，忽然伏在地上，头插在两爪之间，小声抽泣起来。

京宝和扎克虽然不明白357的话是什么意思，可是他们乐于多交一位朋友，路上多一位同伴。京宝走到土土身边，紧紧靠在他脸上，想要安慰他。扎克也走过去，紧紧靠在他脸上……

　　"啊——！"土土突然躲开，"扎……扎克同学，京宝同学，谢谢你们。爷爷曾经说过，'读万卷书，行万里路'，好，我跟你们一起！"

　　"耶，太棒啦！"他们开心得蹦蹦跳跳，全然忘记了货物散尽的烦恼。既然货物已经没了，轻装上阵也挺好。

　　他们跟着土土回到山坡上那块高大的石板旁，看着土土用爪子仔细清理

石板上的尘土和青草，把鲜花摆放整齐，又站起来舔舔石板。357 他们这才注意到，那块立着的石板上刻着一幅人像，一位慈祥的老者。或许他就是土土等待的爷爷吧！于是，他们也在草地上采了一些小花，放在石板上，陪着土土安静地坐了一会儿。

天快亮时，土土来到一棵大树下，用两只前爪飞快地刨土。他钻进巢穴，

出来时也背了一个背包："说走就走，出发吧！"

"哦耶，再次出发！"三个小伙伴振臂高呼。随后他们转过身，用天真可爱的小眼睛一动不动地望着土土，似乎在询问："下一步怎么走呢？"

"不会吧？"土土瞪大眼睛，看着雕像般定在原地的三个小家伙，"你们该不会根本不知道云雾森林在哪里吧？！"

土土为什么说自己的利益已经得到满足了？

　　"理性人假设"认为人们会以使自己利益最大化为目标做决策，但其中的利益，不一定是金钱，准确一点的说法应该是"效用"。还记得效用吗？它衡量的是我们的满足程度。

　　帮助 357 找回他的同伴让土土获得了极大的满足感，那么他的确达到了利益最大化的目标。对土土来说，这种满足感比蘑菇干或其他物质报酬更能令他感到快乐。

　　虽然金钱很重要，但是在现实生活中，有很多事情比金钱更能使我们快乐，比如亲情、友情、读书、音乐、获取知识、达成目标、帮助他人……都能给我们带来极大的满足感，而且这种快乐的内心体验是金钱买不到的。

　　所以，千万别把利益简单地与金钱画等号哦！

经济学让我们做理性人吗？

你一定知道，我们今天的幸福生活是无数革命先烈用生命换来的。那么你有没有想过，革命先烈们面临选择的时候是如何做出决策的？一方面是自己最宝贵的生命，另一方面是国家和人民的利益。很显然，做一个理性人，保护自己的利益无可厚非，可是他们放弃了最宝贵的生命，选择了保护国家和人民的利益。从经济学的角度来看，他们不是理性人，却是伟大而高尚的人。

经济学中的理性人假设，是为了将复杂问题简化以便于分析，绝不是提倡大家做事只考虑自己的利益。这好比自然科学家们做实验时，也会想办法排除干扰一样。理性人假设反映的是普通人在面对一般日常情况时的想法，它符合人类趋利避害的本能，所以对分析问题有帮助。但是在现实世界中，还有其他标准来指导我们的行为，特别是在大是大非面前，法律、道德、国家利益等，都比自身利益更重要。

1

问：土土没有拿到报酬，可他为什么说"利益已经得到满足"？

2

问："理性人假设"中的利益是指金钱吗？

3

问：我们应该做理性人，以自身利益最大化为目标做决定吗？

7 朋友来相助

无论计划做得多么周密，生活总是充满意外。

按原计划，357 此刻应该已经搭上南下的货运火车，听着布谷鸟叫，欣赏着春耕美景，一路南下向云雾森林前进了。可是因为一场意外，他们三个正狼狈不堪地站在山坡上，不知下一步该朝哪个方向走。

"现在是'困难的时候'吧？"357 询问地看着京宝和扎克，他们点点头。

　　357掏出猴蹿天的第一个锦囊——一张花花绿绿的纸，整个图案的形状像一只威武的雄鸡，上面密密麻麻地画着圈圈点点。

　　"地图？"土土认得它，"这就是地图啊！"

　　"地图？"

　　"对啊！我们大概在这里。"土土用前爪指着地图上的一个小圈圈，"我想这就是你们说的冰雪森林，这里是世界上独一无二的寒地黑土林区。"土土继续在地图上画圈，"南方主要有东南和西南两大林区，我猜你们要去的云雾森林应该就是其中之一。"

　　三对小眼睛直勾勾地盯着土土。他们生活在冰雪森林里，脚踏土地，仰

望天空，关心身边的朋友，经营自己的生活，并基于已知的东西去想象外面的世界。可是土土不一样，他仿佛天生从另外一种视角观察世界，他知道自己生活的土地叫"家乡"，家乡有哪些资源，家乡和世界的联系……

土土对此不以为意："告诉我你们要去哪里，我知道怎样走。"

京宝和扎克思索片刻，下了很大决心似的同时在地图上点道："去这里！"

土土叹了口气："喂，你们俩指的根本不是一个地方嘛！"

357想起地球仪，虽然地图和地球仪大小不同，但原理应该是一致的。云雾森林靠海，地图的蓝色表示海洋："应该是这里！"

"没问题，"土土似乎胸有成竹，"你们要去的是东南林区，跟我来吧！"

天已大亮，山下陆续拥入车辆和人类，人们捧着鲜花上山。

原来，土土的背包是给他们用的。背包搭在土土背上，左右各有一个口袋。京宝和 357 共用一个口袋，扎克自己用一个。口袋里又暖和又安全，还不会被人类发现，真好！土土背着他们来到山下一片停满了汽车的空地。

"土土？是你吗，土土？"一只小柴犬趴在车窗上喊。她耳朵尖尖，眼睛圆圆，好似一只小狐狸。

"塔塔！"土土果然认识她，他兴奋地奔过去。

"真的是你！" 她激动地从车上跳下来，和土土相互闻味道，"你怎么跑到这里来了？你的家人在到处找你！"

土土叹了口气："我不要回家，我要在空间站等爷爷回来……不过，我新交了三位朋友。"土土的背包里钻出三颗小脑袋，跟塔塔打招呼。

土土问： "我们要一起去南方旅行，现在得想办法去乘火车，你有办法吗？"

塔塔思考片刻，跑到空地中央的草坪上大声叫起来： "各位，我的朋友土土要乘火车去旅行，哪位能帮个忙？"

瞬时间，从车窗里钻出许多狗狗的脑袋，有的金发飘飘，有的黑白相间，有的长着巧克力色卷毛，他们热情地跟土土打招呼，汪汪的叫声此起彼伏。

一只蓝眼睛大狗招呼道："快到小哈这里来，我们马上去火车站接人。"

这可太好了！土土飞速跑过去，小哈按了几个按钮，汽车后备厢打开了，土土敏捷地跳上去。

"你不回家吗？他们真的在找你。"塔塔不死心，再次询问，"你回来，咱们还能像以前一样，天天在一起玩……"

土土摇摇头："我已经答应这三位小朋友了，这是承诺。等我把他们送到了就回来等爷爷。你再来的时候，记得找我。"

塔塔失望地垂下卷尾巴："'不离不弃'，你真的做到了……好吧！祝你们一路顺风，我等你回来！"虽然舍不得朋友，但她依然祝福土土。

一会儿工夫，小哈的主人回来了。小哈故意热情地扑上前去，引开主人的视线。没多久，他们就安全抵达了。待主人再次下车后，小哈和土土相互闻闻气味，他们就这样匆匆见面，又匆匆道别了。

土土穿过人群，跳过护栏。眼前就是铁路，光亮的铁轨在大地上延伸，

似乎没有尽头。

京宝从背包里钻出来提醒道："土土，我总觉得有人盯着你。"

"那有什么奇怪，因为我很帅啊！"

"好像有人给你拍照了。"357对拍照片的咔嚓声很熟悉。

土土半开玩笑地回答："哦？那可要小心了！像我这样没有主人的家伙，在城市里叫'流浪狗'，说不定很快就有人来抓我，把我送去收容所呢……"

"那我们快些走，上车就安全了！"扎克催促道，"你不用怕，就算你被捉了，我们也会救你的，我们对朋友也是'不离不弃'的。"

"真的吗？那我就放心啦！"土土调侃道。他铆足了劲儿，跳上一节车厢。

车厢里已经装了一些货物，京宝的鼻子抽动了几下，兴奋地叫道："有

榛子！"

扎克也闻到了："还有蘑菇！"

"这下好了，至少不用担心饿肚子！"357 的鼻子也挺灵。

"嘘……"土土的耳朵转了一下。果然，有人来搬运货物。车厢很快装满，车门嘭地关上了。"轰隆"一声，剧烈的震动差点把他们晃倒，然而土土一声"车开啦！"又使大家兴奋起来。他们感到脚下麻酥酥的，那是车轮与铁轨摩擦产生的振动，这下他们真的出发了！

他们感到火车在平坦的大地上飞快地行驶，与卡车的飞奔截然不同，这种微小的振动使他们感到很舒服，很快便靠在一起睡着了。357 再睁开眼睛的时候，发现土土站在高高的货箱上面。车厢上的小窗已经被他顶开，风吹拂着他的毛发，在阳光下闪着美丽的光泽。

357 跳到土土身边，就像刚认识时那样，土土自然地俯下身，让 357 跳到他肩膀上。土土抬起前腿，把头伸出天窗。357 被外面的景色震撼了，他从未见过这样开阔的世界——大地向远处延伸，在视线的尽头被山脉拉起，与天空相连。绿色的麦苗浓淡深浅、高低起伏地交织着，当春风吹过时，麦田展现出丝绒般的质感。河流像缎带一样蜿蜒其间，太阳在水面上反射出宝石般的光彩……

"很美吧？"

357 点点头。

"这就是东北平原，这里有肥沃的黑土地，种出来的粮食很好吃。农业是第一产业，是 GDP，也就是国内生产总值的重要组成部分，特别重要！"

357 眨巴着眼睛问："土土，为什么你说的话我都听不懂呢？"

"嘿嘿，其实……我也不懂。都是爷爷上课时给学生们讲的，听多了，GDP 什么的顺口就来了。"

京宝问："鸡什么？"他也跳到货箱上向外看，很快就被平原的美景震撼得说不出话来。

扎克爬不上来，在下面急得直跳脚："哪儿有鸡啊？你们到底在看什么呢？"

土土被他逗笑了。

GDP 是什么?

　　我们常常能在新闻里、报纸上听到 GDP 这个词，它是英文 Gross Domestic Product 的缩写，中文叫"国内生产总值"，它描述的是一个国家在一段时期内，生产的全部产品和服务的市场价值。

　　在衡量一个国家或地区的经济状况时，GDP 是一个很好用的指标。如果把 GDP 看作一个国家经济发展的"成绩单"，那么除了成绩数字本身，它的变化幅度，以及在区域中的世界排名也很重要。如同我们的成绩一样，比较理想的 GDP 数字应该是在稳定中缓慢地提升。我国的 GDP 一般按季度和年度统计，它将在中国境内生产出来的最终产品和服务价值全部计算在内，是一个非常大的数字，通常以"万亿"为单位。以 2020 年为例，我国的 GDP 大约是 101.36 万亿元。并且在 2013 年—2021 年，我国 GDP 保持着年均 6% 左右的增长速度，这样的"成绩"是非常了不起的。

人们常说"各行各业"，你知道社会上都有哪些行业吗？比如农业、采矿、机械制造、交通运输、教育、医疗……

这些行业的工作内容千差万别，但是仔细想来，其实有些行业之间是有共通点的，所以经济学家就把这些行业按照特征归为三大类，方便研究和统计。

比如，农业、林业、牧业和渔业都属于人类利用自然力获得的产品，不需要太深的加工就可以消费，或者作为其他产业的原材料使用。农业是人类生存的基础，是人类社会最早出现的生产方式。第一产业指的就是农、林、牧、渔这类基础行业，有时也用"农业"来简单概括。

1

问：第一产业包含哪些行业？

2

问：如何简单地理解 GDP？

3

问：GDP 是不是数字越大、增长越快越好？

8 大意失京宝

火车轰隆隆地奔驰在平原上，土土敏锐的嗅觉告诉他，外面一定是另一番景色了。

357 也嗅到了空气中淡淡的咸味，那是与森林和平原截然不同的味道。他开始对土土说的"家乡"有了新的认识，这片土地是如此广袤，火车开着开着，空气的味道就不一样了。在森林里、平原上、高山上和大海里，人类和动物互不打扰地在各自的领地上忙碌着，追逐着各自的幸福。"真是一片可爱的土地！"357 这样想。

京宝疑惑地伸着鼻子嗅着："好像有人在外面撒了盐？"

土土笑道："除了盐，还有海藻和其他海洋生物的味道，啊——这就是大海啊！"

听到"大海"二字，京宝和扎克噌地跳起来。传说中的云雾森林不就靠着大海吗？听说大雁商旅队要整整一次月圆的时间才能飞到，火车的速度居然这么快，真神奇！357和京宝拉着扎克爬到货箱上，拉长身体努力地向外张望，想看看地图上那片蓝色的大海到底长什么样——什么嘛，根本就没有大海！一样交错延伸的铁轨，一样串珠般的车厢，薄暮中的信号灯格外刺眼……如果不是空气的味道不同，他们简直以为回到了出发的地方。

"有人来了！"土土警觉起来，"森林三侠"迅速从货箱上跳下，钻进土土的背包。

一阵吆喝声过后，车厢门被打开了，几个工人跳上车厢，向下搬运货物。

"看来这辆车到站了，咱们得换一辆车。"土土找准机会，在成堆货箱的掩护下跳出车厢，在停满火车的铁轨间穿行。他东闻闻，西看看，不时用前爪在路面上上下左右地划拉着什么。最终，土土选定了另一辆火车。这一段新的旅程比他们想象的还要长，而且他们感觉大海的味道似乎越来越淡了⋯⋯

"357，怎么闻不到大海的味道了呢？"京宝的手指在地图上比画着，按照土土说的，他们应该沿着海岸线一路南下，直达云雾森林。

扎克舔舔鼻尖："感觉空气干燥起来了呢！"

土土翻了个身，继续打呼噜。自从上了这趟火车，土土大部分时间都在睡觉。他睡得安稳踏实，大家也不忍心叫醒他。旅途中，有几次车厢发生了明显的晃动，似乎能感觉到脚下的铁轨扭转了方向。也有时火车完全停下，过了许久才重新出发⋯⋯他们无法判断火车究竟去往哪里，中间又发生了什么。他们对森林以外的世界一无所知，只能相信土土。他睡得那么踏实，似乎毫不怀疑火车停靠的终点一定是那个叫"云雾森林"的地方。

357爬上货箱，像之前一样朝外张望。一天之前，在火车经停的城市之间，还能看见与东北平原类似的大块农田，而此时的窗外，城市似乎越来越密集，除了钢筋水泥建造的"森林"，不时出现高高低低的大柱子，冒着白烟。偶尔，他们也看见满载黑色石头的火车向相反的方向疾驰而过，留下刺耳的汽笛声，像支走了调的歌。

轰隆一声，火车再次启动，土土被晃醒了。

357小心地问："土土，咱们会不会搭错车了？"

土土抖抖毛，跳到货箱上，一边把头伸出去，一边自信地说："怎么可能！不是吹牛，我土土的方向感那可是……哎——？"

　　大家齐声问："怎么了？"

　　土土跳下来，用全身的力气去拉门把手，可是门纹丝不动。听着车轮轧过铁轨交界的声音越来越密，土土耷拉着耳朵，垂下尾巴，低头顶着车厢壁说："我大意了……"

　　"森林三侠"面面相觑，不知所措，看来他们真的搭错车了。在车厢里晃了这么长时间，离上次换车的地方不知走出多远，云雾森林仿佛已是遥不可及的梦……

最后还是扎克打破沉默，他两只小手一拍，乐呵呵地说："说不定这是一件好事——我的鼹鼠邻居说，有一次他打洞打错了方向，却意外找到很多好吃的小虫子！"

"是呀！"京宝继续说，"反正咱们带来的东西早没了，就算到了云雾森林，怕也换不回甘蔗。"

357拍拍土土的背："出发前我们的朋友猴蹿天说过，旅行的意义不只是到达目的地，路上也可以很有趣。而且如果没有你，我们不可能看到平原，也不知道大海是什么味道。"

土土依然垂头丧气："这样不行，不理性！我们应该……及时止损，对，

止损！跳车，马上跳车！"

357急忙拦住打算从天窗跳车的土土："车速这么快，会没命的！"

"可是……可是这样不理性……"土土还在挣扎。

357坚持说："就现在来说，理性的决策就是安全第一！"

"搭错车也是一种难得的经历。"

"对啊，也是一种收获。"

"划算！"

看着他们你一言我一语的，土土有些感动。

357问道："对了，土土，那你知道这辆车会到哪里吗？"

"空气干燥了不少，如果判断没错，我们应该正向内陆地区前进……差不多是这里，"土土在地图上点了点，"一路向西！"

"这里？"三个小家伙突然高兴起来，"那不是离猴蹿天的老家越来越近了吗？"

果然，离土土指出的位置不远，也有一片浓密的绿色，那应该就是猴蹿天的老家——山海森林。

"向山海森林进发！""森林三侠"再次兴奋起来，就像他们在山坡上重聚、准备踏上旅程的那个清晨一样。

土土听着357兴奋地转述猴蹿天讲过的那些家乡的故事，他决心永远坚守的、爷爷说过的理性原则，似乎有些动摇了。看起来，遇事不慌，积极乐观，感性一点，似乎也没什么不好。难道爷爷说过的"理性人假设"真的只是一种假设？如果连人类都不能做到绝对的理性，那么"理性原则"究竟还有没有意义？不靠理性，又该如何做决策呢？

"生活可真复杂，等把他们三个送到了，我还是回宇宙空间站去，等爷爷回来问个究竟。"土土这样想。

火车到终点后，空气似乎再一次湿润起来。土土他们再一次踏入城市，这里人流密集，比冰雪森林附近的小城更加热闹繁华。土土穿行在人潮中，三个小家伙忍不住不时地从背包里钻出来，偷偷向外看。

真的被人盯上了，是抓捕流浪狗的吗？土土来不及细想，大步流星地飞奔。

土土一个急转弯扎进小巷，跳上一辆小卡车，钻进车厢的废品堆中。女孩给她的大狼狗下了命令，大狼狗认真地贴着地面嗅着，一步步朝小卡车走来。

"怎么办，怎么办？"因为紧张，大家的脑筋似乎都打了结，除了屏息凝神，不知道该怎么办。

狗拉着女孩来到小卡车前，终于抬起前腿，扒在车厢上，笃定地大叫起来！土土听见她喊："在这里！"

女孩将信将疑地推推车尾露出的那堆废品，掀起一个纸箱，挪开一个塑料桶……土土眼前的纸箱似

乎也动了……大家紧张得不敢呼吸……

突然，女孩"哎呀"一声，不再挪纸箱子了。土土听见那大狼狗兴奋地喊："好玩！追！"居然拉着女孩跑开了。

等巷子里安静下来，土土才钻出废品堆。刚想松口气，只听357大叫："糟糕，京宝不见了！"

既然有第一产业，那么有第二、第三产业吗？

经济学家把行业分为三大类，除了以农牧业为代表的第一产业，还有以制造业为代表的第二产业和以服务业为主的第三产业。

三大产业其实是按照生产力的发展来划分的：第一产业只需要人类对自然稍加利用和改造，是人类最早的生产方式；第二产业是工业革命后才出现的，比如采矿、制造、建筑、电力等这些我们印象中统称为"工业"的产业；而第三产业是在第一、二产业基础之上发展起来的，比如教育、交通运输、金融等这类服务行业。

虽然三大产业的发展顺序有先后，产出的价值有差别，但对于国民经济而言都是非常重要的。

以"万亿"为单位的 GDP 是怎样计算出来的呢?

　　GDP 的计算方法有许多种,其中之一就是分别统计三大产业产出的价值,再总加起来,就可以得到 GDP 总额。通俗一点说,就是计算所有产业生产的产品和服务一共能卖多少钱。

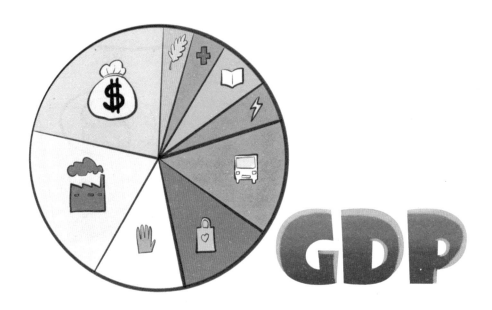

　　因为我们的国家很大,产业非常多,所以 GDP 的计算是一项很复杂的工作,需要许多人才能完成。负责计算 GDP 的部门是国家统计局,统计人员根据各行业汇报的数字,分门别类地计算,并将结果公开发布。

　　除了按照三大产业计算,GDP 还有其他计算方法。这就好比一道算术题,可以有很多不同的解法一样。不过,解法不同,答案却应该是一致的。虽然 GDP 远比算术题复杂,但不同方法计算出来的 GDP 总额,也是大致相同的。

问：养殖鱼类供人们食用，属于三大产业中的哪一类？

问：把养殖的鱼制作成鱼丸、鱼豆腐等食品，属于哪个产业？

问：以水煮鱼为招牌菜的餐馆，属于哪个产业？

9 城市夜探险

千钧一发之际，原来是京宝勇敢地冲出去，引开了女孩和大狼狗。

357和扎克大声呼唤："京宝！京宝！"

土土难过极了："都怪我！京宝……对不起……等我……救你！"

"喂喂，你在难过什么啊！"大家顺着声音抬头一看，京宝像壁虎一样

扒在砖墙上，"再叫可就把她们招回来了！"京宝一跃，稳稳地跳回车里。

土土激动地冲上去舔京宝："呜呜，太危险了，你太不理性了！"

"你也太小瞧我们森林居民了！要是一只猫，我可能真要'理性'考虑一下，狗的战斗力？呵呵，不值一提……"京宝故意摆动着小爪子。

土土鼻子哼了一下，假装要生气："猫那点儿蛮力有什么了不起，我的本事可大着呢！"土土嘴角微微上翘，得意地用前爪点点脚下，"咱们也算因祸得福。这辆车上有牛粪的味道，八成是从乡村开过来的。只要在这里藏好，这辆车准能把咱们带到乡村去，离森林就又近了一步！"

"你确定是牛粪？"京宝说着，从废品堆里拎出一只臭袜子。原来女孩"哎呀"一声停住，就是因为看见了这个。

"怎么又把芭芭拉的臭袜子拿出来了，不是说好带回去还给她吗？"扎克掩着鼻子扭开头。

京宝哭笑不得："这是芭芭拉的第二个锦囊！"

难怪刚才那个女孩突然停手，见到这臭袜子，换谁也不想再翻了。

357拎着臭袜子忍俊不禁："谁说她是即使被遗弃了还留恋主人味道的悲伤小猫？"

"这家伙简直是'臭袜子爱好者'嘛……"

"搞不好第三个也是一样的！"扎克边说边掏出芭芭拉的第三个锦囊，费力拆开一层层包装，果然又是一只袜子，气味比前两只更难闻。扎克下意识地一甩，臭袜子掉到车下。

土土忙跳下车去捡，压低声音嘱咐道："已经沾上我们的气味，可不能乱扔，容易引来……啊！"话没说完，只见土土的脖子被不知哪儿飞来的绳圈套住了！土土一声尖叫，他被拖走了！原来那女孩和大狼狗没有走远，反

115

而叫来了帮手。一个强壮的男子手持绳圈，一下子就套住了土土！

"森林三侠"毫不犹豫地跳车，冲出去追。土土一边吼着："放开！我不是流浪狗！我有任务在身！"一边拼命扭头向357他们喊，"理性！止损……安全第一……别管我，快跑！跟车离开城市，你们就能……到森林了……"

扎克果断拉住357和京宝，他们挣扎了一下，也不再追了。其实用理性思考一下就知道，冲过去又有什么用呢？土土被女孩一把抱上车，车一溜烟开走了。他们耳畔只剩下黑狗欢快的叫声："找到了！找到他了！"

"森林三侠"愣在原地，被巨大的恐惧和沮丧笼罩着，不想说话也不能动。土土一路上都在教他们用理性思考，用理性做决策。理性告诉他们：营救土土困难重重，搞不好不仅土土救不出来，自己也会陷入危险。最符合自己利益的决策，或许就是止损。可是他们脑子里一直有一个声音不停地与理性打架："土土可能有危险，他是我们的朋友，绝不能就这样抛弃他……"

天地间的芸芸众生，真的应该时时用原则、事事靠理性去做事吗？如果真是这样，京宝不顾安危地救朋友，土土不求回报地帮助他们，被勒着脖子还劝他们"快跑！"，又算是什么呢？

在沉默中思考了良久，357仿佛忽然想明白了——遵从自己的内心，选择做一只勇敢、善良、有情有义的老鼠，不也是一种理性吗？

"救他！""森林三侠"不约而同地相视一笑，携手出发寻找土土。

这个城市离冰雪森林十分遥远。陌生的空气、陌生的声音、林立的高楼使太阳都变得陌生起来，让他们无从判断方向。城市铺满了水泥和地砖，甚至没有裸露的土壤给他们打洞，也鲜有粗壮的大树让他们藏身。直到太阳完全落山，街灯次第点亮，不远处的广场上，巨大的广告灯箱和荧光屏还在勤勤恳恳地工作。城市的夜晚似乎比白天更热闹，人也比白天还多。恐惧使他们几乎丧失了营救土土的勇气。他们多希望这只是一场噩梦，梦醒来时，他们依然相聚在那节摇摇晃晃的车厢里，站在土土的肩上，相互扶持着把头伸出窗外，看那绿丝绒般的东北平原……

“喵呜……”

“汪汪……”

这些声音令他们颤抖。城市里的流浪猫和流浪狗们对热闹的夜晚可不陌生，偏得是人潮密集的地方才会有东西填饱肚子。

京宝和扎克跟着357在街灯之间的阴影里穿行。他们一边要警惕人群，一边要躲避流浪猫，走几步就要停下，看看前后左右有没有危险，所以行进的速度很慢。直到深夜他们才走到附近的一处居民区。路两旁停着一排排汽车，他们努力回忆带走土土那辆车的特征，想通过车来寻找土土的下落。

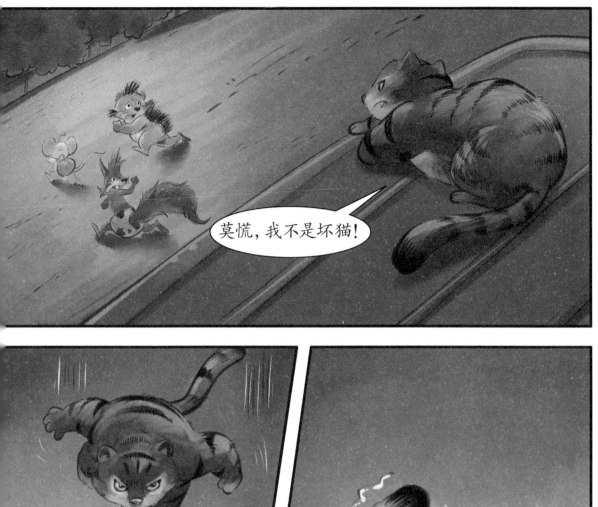

"你们是不是来找一只大白狗的？"狸花猫问。

京宝和扎克简直不敢相信他们的运气这么好，拼命地点头。

"莫慌，我是来接应你们的。"狸花猫说话的腔调怪怪的，但还算能听懂，"先填饱肚子，天亮了我带你们去。"

狸花猫带他们来到社区的角落。这里堆着许多箱子，有几只猫不时从箱子里探出头来观望。

狸花猫大喊一声："踏雪，上菜！"

一只通体黑亮、四爪洁白的小猫应声而出，端出一只小碗，摆在三位来

客面前。

"他要天亮才能出来。你们吃饱睡一下，醒了就见到他了。"

他们是真的饿了，谢过狸花猫就抓起食物往嘴里塞。

猫儿们给的食物塞进嘴，感觉火辣辣的，咽下去，整个肚子似乎都热了起来。他们从没吃过这样的食物。

狸花猫以为食物有问题，于是尝了尝。顿时，他眼睛瞪得像铜铃："正宗川菜！"随后自顾自地吃起来。吃罢，狸花猫眯起眼睛躺在地上，摇着尾巴哼哼道："安逸……"

什么叫止损?

　　"止损"是投资中的一个常用名词,它是指投资发生亏损时,为了避免造成更大的损失而及时退出投资行为。比如投资一只股票,价格下跌20%,此时将它卖掉就是止损,将损失停止在20%,避免更大的亏损。虽然我们现在不会去投资股票,但可以将止损视为一种思维方式加以利用。

　　比如你和朋友们约好去郊外爬山,花了很长时间到达郊外,却天气突变,下起大雨。虽然到郊外颇费一番功夫和时间,可是冒雨爬山是很危险的。这种情况下就应当及时止损,宁愿白来一趟,也不该冒险上山,否则一旦遇到危险,损失可比"白来一趟"大多了!

　　止损思维类似于我们常说的亡羊补牢、丢卒保车、断臂求生等,教我们学会接受小的损失,从而避免更大的损失。

　　止损是一种策略，该不该使用取决于你对未来的判断。比如那只亏损了 20% 的股票，有可能它只是受到了一些影响，过些时间它就会回弹到成本价格，甚至涨 20%。如果是这种情况，止损或许就不是最好的选择。可见，是否止损要视具体情况而定，需要聪明的你来判断。

　　举个例子，假如你正在学习一种新技能，但感觉自己似乎没什么天赋。此时你可以：（1）及时"止损"，免得浪费时间，把宝贵的时间投到别处；（2）再坚持一下，一段时间后你可能会突然开窍，并发现自己的天赋只是还没来得及展现！

　　止损教我们学会放弃，但是坚持说不定能带来意外的收获！

1

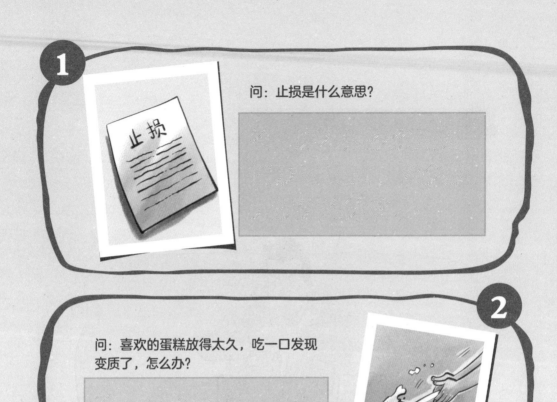

问：止损是什么意思？

2

问：喜欢的蛋糕放得太久，吃一口发现变质了，怎么办？

3

问：学习不好，也不喜欢学习，可以选择止损，不学习吗？

10 锦囊惹麻烦

虽然狸花猫强调"入乡随俗"，可几口川菜让 357 他们的肚子烧了整整一晚。好容易熬到天亮，他们迫不及待地摇醒狸花猫。狸花猫昏昏沉沉地带他们来到附近的一个公园，公园里已经有一些老人牵着他们的小狗在晨练了。

狸花猫让他们躲在灌木丛里等待："耐心点，一会儿就来。我的任务完成，先走了！"狸花猫打了个哈欠，钻进灌木丛不

见了。

果然没过多久，扎克看见昨晚那个女孩牵着土土和大狼狗出现在公园里。女孩温柔地解开土土和大狼狗的项圈，把他们放进一块有围栏包围的草地里。"土土没事儿！"大家松了口气。

"土土！"他们一齐叫他的名字，爬上围栏。

土土激动地冲过来道："真的找来了！你们太……太不理性了！多危险呀！"看来女孩已经给土土洗过澡，他的毛发干净柔亮，散发着森林的清香。

"我能咬开围栏，你等着！"京宝说着，张嘴就要啃。

"别！不用了……"土土温柔地用鼻子制止京宝，"是爷爷的家人在网络上发布了'寻狗启事'，黑豆和她姐姐就是看到这个才来捉我的！爷爷去别的星球了……他的家人没有忘记我，他们在找我……要坐飞机来接我！"土土的眼睛湿润起来。原来，他一路上觉得被人拍照和追踪，都不是错觉，那是看到了网络消息的人们，在不停地向土土的家人报告他的位置。

"那太好了！真为你高兴！"

扎克呜呜地哭起来："差点以为你要被我害死了……我……我……"

"别哭扎克，我还要谢谢你呢！还有357、京宝，感谢你们……能跟你们一起旅行，我真开心。只是……只是我不能送你们到森林了……"

这时大狼狗也凑过来，看来她就是土土的新朋友黑豆："来了就是朋友，去森林，搞得赢！"原来，狸花猫之所以能为土土传递信息并安置"森林三侠"，都是大狼狗黑豆安排的。黑豆指着挂在围栏上的土土的背包说："快钻进去！"

　　就这样，他们又钻回背包。土土身上熟悉的味道令他们感到安心，他们沉沉地睡着了。再醒来时，空气的味道又完全不同了。女孩带着黑豆和土土来山区远足，难怪黑豆说她有办法！她真聪明！

　　"从这里一路向北，或许就是你们说的'山海森林'。"土土又一次展开地图，"我只能送你们到这儿了，对不起，我没能做到'不离不弃'。"

　　京宝和扎克使劲儿地摇头，扑上去拥抱土土。

　　"说起来你别不信。"357 掏出猴蹿天的第二个锦囊。那是一张卡片，圆形标志下跟着一串数字。"昨晚为了找你，我偷偷打开的。本以为没什么用，

可是刚才我似乎看见这个了。"357指着卡片上小鸽子般的标志，"或许这就是我们该来的地方。"

土土道："那我就放心了。记住，遇到问题一定要理性，不要再冲动……"

"行啦！"357笑着打断他，"如果你够理性，我们根本就不会相遇，对吗？"

可不是，爷爷的一句"不离不弃"，让土土决定一生追随他。哪怕爷爷突然出发去"星际旅行"，他也要一路跟随，守在"宇宙空间站"等他回来。爷爷的家人对爷爷的感情和承诺，让他们始终没有放弃寻找土土，奔走千里也要接他回家。那些在网络上帮忙转发"寻狗启事"的普通人，还有努力帮忙寻找土土下落的女孩和她的黑豆，完全是出于热心。扎克坠车的瞬间，京宝和357毫不犹豫地跳车救他。土土被女孩捉走后，"森林三侠"宁可冒险也不愿丢下土土独自前行……所有这一切的发生，似乎都是不够理性的结果，不符合谁的个人利益，可这个结果并不算糟糕，不是吗？

此刻，土土终于明白，爷爷常说的"假设"是什么意思。或许纯粹理性的世界真的只存在于假设之中，而人世间的情感，是无法用理性来分析利弊、计算得失的。如果时时理性、事事权衡，那么世界就成了冷冰冰的机器，而不是像这样充满温暖。感性和理性，对于这个世界来说，都是不可或缺的。

告别了土土和黑豆，357他们依照地图的指示一路北上，进入深山，越来越浓密的树林、湿润的土壤和空气、鸟语虫鸣都令他们感到安心。在几天的行程中，他们发现山海森林的植被与冰雪森林完全不同，普遍长着宽阔的大叶，汁水充足。这令京宝感到新鲜，他终于能再次成为林间"小飞侠"，在树梢间尽情地舒展筋骨，催促在坡地上艰难前行的 357 和扎克："快点，快点！"

翻过一个山坡，357 突然竖起耳朵，屏息凝神道："听！"

京宝站在树梢上张望，扎克原地趴下，耳朵贴着土地。他们异口同声："是集市！！"

从树林间、空气里、土地上传回来的声音共同编织着一幅画面：热闹的吆喝声、唇枪舌剑般的砍价声、大脚掌沉闷的脚步声、小爪子灵动的跳跃声——这不正是集市的声音吗？

"山海森林，我们来了！"

他们撒腿狂奔，热闹的集市终于出现在眼前，一切都是那么新鲜！

京宝指着大熊猫笑道："你看，这里的熊好时髦，还戴墨镜哩！"

"哇，好多好多'猴蹿天'！"

原来山海森林的居民是这个样子的！真是大开眼界。比新面孔更令他们震惊的是，他们发现一位"戴墨镜的熊"在付款时，既不用贝壳，也不用金属制的通宝，他只用一张薄薄的树皮纸，就从摊主那里换来了一捆嫩竹子！还有一只长嘴红脸的鸟儿，只把卡片在摊主的"盒子"中间蹭了一下，就带走了满满一包河虾。更离谱的是，摊主居然把卡片原封不动地还给她！

扎克突然推推 357："那卡片好眼熟，是不是……"

357猛然想起猴蹿天的第二个锦囊，可不是嘛，简直一模一样！猴蹿天的锦囊真厉害，每次都能解决麻烦！

"我去试试！"京宝接过卡片，挑了一个卖浆果的摊子，摊主是位跟猴蹿天颇为相似的猴子。他小心翼翼地把卡片递过去："喀喀，请给我一包浆果。"

"感谢光临！"猴子微笑着递过一包浆果，把卡片伸进"盒子"。突然，猴子瞪大眼睛盯着"盒子"上闪出的文字，一把抓住京宝，激动地问："你是谁？卡片从哪里来的？快说！"

京宝吓傻了："锦……锦囊……"

"快放下他！"357跳起来抓住京宝的尾巴，扎克跳起来又抓住357的

尾巴。可是都没用，那猴子干脆把他们一连串装进网兜去了！

　　猴子拎着网兜来到一片石头堆起的小山，一吹口哨，从四面八方钻出一大群猴子。

　　猴子一手举着卡片，一手拎着网兜："有线索了！"

357和京宝被扎克扎得快受不了啦，不停地挣扎着。还以为离开城市进入森林他们就安全了，万万没想到，这么快就被猴子"一网打尽"了！猴蹿天的锦囊到底是解决麻烦还是制造麻烦的？这群猴子和猴蹿天到底是什么关系？

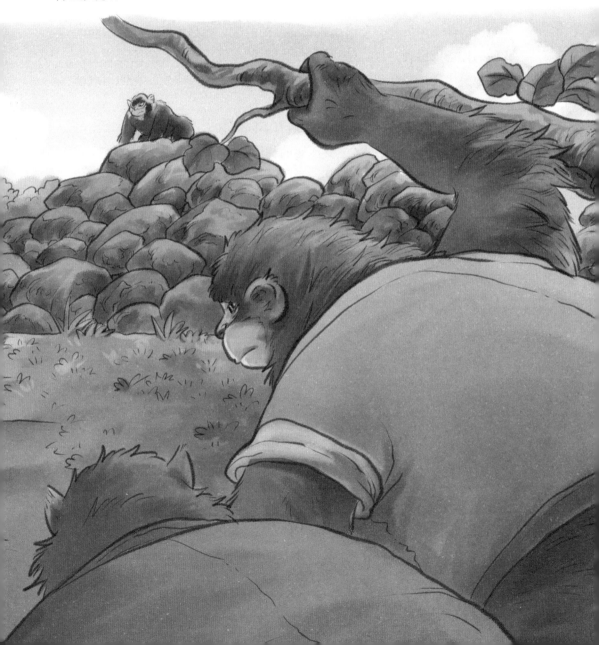

纸币是什么时候出现的？

357 他们经过千辛万苦，终于到达了山海森林！这里的一切似乎都与冰雪森林不同，没见过的植物、模样奇怪的森林居民，还有——他们买东西居然不用贝壳、金银币或者铜制的通宝，而是用纸一样的东西。聪明的你一定猜到，这就是我们非常熟悉的"纸币"。在中国历史上，纸币最早出现在北宋初期，名为"交子"。它由商人印制，在四川成都地区流通，是全世界最早的纸币。

关于交子出现的原因，研究者们有不同的意见。比如货币史学家彭信威认为，北宋时四川地区主要流通的货币是"铁钱"，它的面值非常小，商人之间交易稍微贵一点的东西，就要成千上万枚铁钱，沉重又不方便，因此商人们就印制了纸质凭证来方便交易。所以纸币出现在四川地区并非偶然。以后的元明清三朝也都发行了纸币，与金属货币共同流通。

纸币与金属货币有什么本质区别？

我们知道，金银是稀有且昂贵的金属。铜、锡、铅、铁等曾用来铸造钱币的金属虽然不如金银昂贵，但它们本身也是有价值的，所以能被大家接受，用来换取商品，或作为财富储藏起来。可是一张纸的价值是很低的，之所以能换来商品，完全因为背后有人"撑腰"，而这个厉害的人物就是国家。

随便找出一张人民币，你会发现除了数字和图案，每一张上都印有"中国人民银行"字样。中国人民银行是我国的中央银行，和普通意义的银行不同，它其实是国家的一个机构。人民币上印制的"中国人民银行"六个字等于向所有人宣布："国家认可它了，放心用吧！"而我们对"中国人民银行"的这种信任，就构成了它的信用，纸币之所以被大家接受，能够用来换取商品和服务，靠的就是这种信用。

这一点，就是纸币与金属货币最本质的区别。纸币本身没有价值，全靠信用支撑，因此被称为"信用货币"。

1

问：最早的纸币是什么时候出现的？

2

问：纸币与金属货币最大的不同是什么？

3

问：纸币本身不值钱，为什么还能用来买东西？

小词典

股 东

股份制公司的投资人。

股 票

股份的证明书。

股 市

专门进行股票等证券交易的市场。

CEO

首席执行官,企业的最高行政负责人,工作内容与总经理、总裁相似。

可持续发展

既能满足我们现今的需求,又不损害子孙后代,能满足他们的需求的发展模式。

风险态度

投资用语,反映投资人对风险采取的态度,分为偏好、厌恶和中性三种类型。

理 性

理性是指人类运用计算、逻辑推理等方法,经过谨慎思考而得出结论的思维方式。

感 性

人类基于感官体验,对事物和环境产生的情绪。

理性人假设

经济学的基本假设之一,它假定人们以自身效用最大化为目标进行决策。

GDP

国内生产总值,描述一个国家在一段时期内,生产的全部产品和服务的市场价值。

第一产业

指农、林、牧、渔业,是人类社会最早出现的生产方式。

第二产业

泛指工业,特别是制造业。

第三产业

泛指金融、教育、餐饮、信息等服务行业。

止 损

投资用语,指投资发生亏损时,为了避免造成更大的损失而及时退出的行为。

交 子

北宋初期流通于四川地区的货币,是世界最早的纸币。

信用货币

与金属脱钩,由法定银行提供信用的货币。目前在世界上流通的纸币均属信用货币。

生活中的经济学

"微观"与"宏观"——从不同角度观察世界

西方经济学中有"微观经济学"和"宏观经济学"两个主要分支，那么"微观"与"宏观"这两个词是什么意思呢？

还记得草木论坛上996带来的地球仪吗？在森林居民们心中无边无际的冰雪森林，在地球仪上变成核桃般大小的一片绿色。其实这就很好地反映了观察世界时的视角问题：森林居民们从小处着眼，看身边的一草一木，看朋友们在做什么事情，看鼠来宝在忙什么生意；而看地球仪像是从太空中居高临下地观察，把地球看作一个整体，看它如何公转自转等。可以说，森林居民们的视角是微观的，而从太空中观察地球的那个视角是宏观的。

微观带有"从小的方面去观察"之意；相对地，宏观是以更广阔的视角去观察整体。对于经济学来说，微观经济学以单个的市场、生产者、消费者为研究对象，研究他们如何分配稀缺资源，获得最大效用；而宏观经济学以整个国民经济作为研究对象，从国家角度研究资源如

何配置，从而使经济稳定地发展，使国民幸福地生活。

　　这种从不同角度观察和分析问题的方法能够开阔人的思维，使人更全面、更深入地看问题。除经济学外，物理学、生物学等自然科学也会从微观和宏观两个角度观察研究对象。

　　普通人通常习惯于从微观视角观察世界，身边的人和日常琐事构成了我们熟悉的世界。现在，知道了宏观这一概念，你可以试着跳出惯常思维和视角，从更高、更长远的角度来思考问题。比如你读书很棒，人人都夸你聪明，可从宏观一点的角度来看，广阔世界中还有许多你不知道的东西。所以千万别自满，要鼓励自己继续努力，学习更多的知识，探索有趣的、未知的世界。同样，当你遭遇挫折时，也可以宏观一点，将目光放长远一些，把漫长的人生视为一个整体，只要重新振作、继续前进，总有一天，这些挫折会像小时候摔倒留下的伤疤一样，不会再让你流泪了。

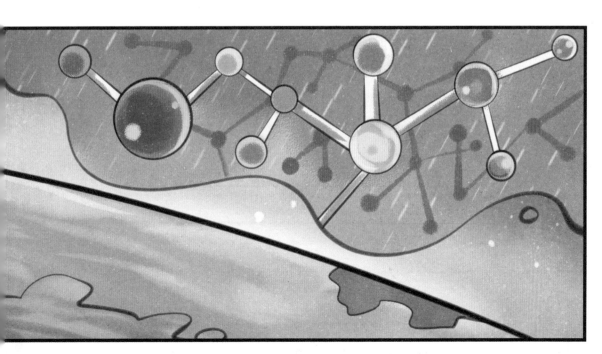

图书在版编目（CIP）数据

向南方森林出发 / 龚思铭著；肖叶主编；郑洪杰,于春华绘. -- 北京：
天天出版社, 2023.4

（你也能懂的经济学：儿童财商养成故事）

ISBN 978-7-5016-2007-4

Ⅰ. ①向… Ⅱ. ①龚… ②肖… ③郑… ④于… Ⅲ. ①财务管理—儿童读
物 Ⅳ. ①TS976.15-49

中国国家版本馆CIP数据核字(2023)第031024号

责任编辑：王晓锐　　　　　　　　**美术编辑：**曲　蒙
责任印制：康远超　张　璞

出版发行：天天出版社有限责任公司
地址：北京市东城区东中街 42 号　　　　　**邮编：**100027
市场部：010-64169902　　　　　　　　　**传真：**010-64169902
网址：http://www.tiantianpublishing.com
邮箱：tiantiancbs@163.com

印刷：天津市豪迈印务有限公司　　　　**经销：**全国新华书店等
开本：710×1000　1/16　　　　　　　　　**印张：**9.5
版次：2023 年 4 月北京第 1 版　　　　　**印次：**2023 年 4 月第 1 次印刷
字数：104 千字　　　　　　　　　　　　**印数：**1-6,000 册

书号：978-7-5016-2007-4　　　　　　　　　**定价：**42.00 元